QUESTION DES BESTIAUX ET DE LA BOUCHERIE;

EXAMEN DES OPINIONS ÉMISES;

SOLUTION

QUI SATISFAIT LE MIEUX AUX EXIGENCES DES INDUSTRIES EN PRÉSENCE, ET A L'INTÉRÊT COMMUN;

PAR M. A. BELLA,
Directeur de l'Institution royale agronomique de Grignon,
ET
M. F. BELLA,
Professeur d'économie à cette Institution

PARIS,
LIBRAIRIE BOUCHARD-HUZARD,
RUE DE L'ÉPERON, 7.

1841.

QUESTION DES BESTIAUX ET DE LA BOUCHERIE;

EXAMEN DES OPINIONS ÉMISES;

SOLUTION

QUI SATISFAIT LE MIEUX AUX EXIGENCES DES INDUSTRIES EN PRÉSENCE, ET A L'INTÉRÊT COMMUN;

PAR M. A. BELLA,
Directeur de l'Institution royale agronomique de Grignon,
ET
M. F. BELLA,
Professeur d'économie à cette Institution.

PARIS,
LIBRAIRIE BOUCHARD-HUZARD,
RUE DE L'ÉPERON, 7.

1841.

QUESTION

DES

BESTIAUX ET DE LA BOUCHERIE.

La vérité avant tout.

CHAPITRE PREMIER.

EXPOSÉ.

Éléments de la question.

La pétition présentée aux chambres par la boucherie parisienne, pour obtenir la suppression du droit d'entrée sur les bestiaux étrangers, soulève une des questions les plus graves que puisse traiter l'*économie politique;* cette question se rattache aux subsistances du peuple et intéresse directement la prospérité de l'agriculture, qui, par le nombre de bras qu'elle occupe et la nature des besoins qu'elle satisfait, est, à juste titre, regardée comme la première de nos industries nationales.

La boucherie a montré la production de la

viande allant chaque jour décroissant, en quantité et en qualité, malgré les droits protecteurs qui lui ont été accordés; elle a déclaré que, par conséquent, cette production ne peut plus suffire aux besoins des populations.

Les journaux politiques les plus répandus, rembrunissant encore les couleurs de ce sombre tableau, ont présenté aux yeux du public effrayé les scènes d'une horrible famine; ils ont peint des malheureux arrachant, la nuit, aux cadavres des voiries, des lambeaux d'une chair malsaine, pour en assouvir leur faim; et de toutes parts on a réclamé le dégrèvement des bestiaux étrangers.

Mais l'agriculture, se levant pour défendre sa cause, a démontré les incalculables pertes qui doivent peser sur elle et, par contre-coup, frapper la société tout entière, si on touche aux droits protecteurs, déjà trop faibles, qui lui ont été accordés. Par suite, dit-elle, du dégrèvement des bestiaux étrangers, les capitaux agricoles seraient réduits dans une effrayante proportion et entraîneraient dans leur ruine la principale richesse de la France. La spéculation, déjà peu avantageuse, des bestiaux finirait par disparaître, et les engrais, disparaissant avec les bestiaux, tariraient, à sa source, la production des céréales, la principale nourriture de nos populations!

Ainsi, des deux côtés, on nous montre la famine ; nous semblons condamnés, ou à payer une viande de moins en moins bonne des prix exorbitants, ou à manquer de pain... Cruelle alternative, devant laquelle il faudrait désespérer de l'avenir du pays, si le simple bon sens ne suffisait pour montrer l'exagération des arguments qu'on a entassés sur cette importante question !

Ces exagérations sont déplorables; elles masquent la vérité, aigrissent la discussion, faussent le jugement public et nuisent aux intérêts qu'elles prétendent servir.

Exposé des principes.

Nous sommes tous consommateurs, mais, tous aussi, nous sommes producteurs par nous ou par nos capitaux; il suffit donc que nous ne produisions pas à aussi bon marché que possible, pour que la production de ceux qui emploient nos produits soit plus coûteuse, et pour que nous-mêmes, par conséquent, nous payions plus cher les objets nécessaires à notre consommation reproductive.

Ce sont les industries commerciales et manufacturières qui consomment nos produits agricoles; plus elles seront prospères et plus leur consommation sera active : que nous leur livrions nos denrées à des prix élevés, et elles ne pourront plus nous vendre à bon marché les étoffes et les machines dont nous avons besoin. Mais d'un autre côté, nous sommes vingt millions de cultivateurs qui offrons aux manufacturiers et aux commerçants le débouché de leurs produits, et ils ne doivent pas oublier que, si notre industrie était souffrante, notre immense consommation serait réduite et que notre malaise ne tarderait pas à arriver jusqu'à eux.

Les intérêts des grandes industries nationales ne sont donc pas opposés comme on a cherché à le faire penser, ils sont étroitement liés et convergent tous vers un point unique qui est la *production à bon marché*.

Nous devrions donc tous, agriculteurs, manufacturiers et commerçants, repousser les mesures qui s'opposent à la production à bon marché; à ce titre, nous devrions combattre les droits protecteurs qui empêchent la consommation reproductive de puiser aux sources les moins coûteuses, si l'intérêt du présent ne devait souvent être subordonné à l'intérêt de l'avenir, et si l'indépendance nationale n'était une considération devant laquelle doivent s'abaisser tous les intérêts matériels.

Les impôts sont nécessaires pour administrer notre société et pour garder notre territoire ; ces impôts, quoi qu'on en dise, pèsent directement ou indirectement sur toutes les industries nationales, parce que l'équilibre qui s'établit toujours entre les prix des denrées de consommation supplée invinciblement aux répartitions de la loi; mais les impôts ne sont pas égaux dans tous pays, et le nôtre en est peut-être plus chargé que ses voisins : il faut donc que toutes nos industries nationales soient protégées par un droit égal, mais seulement égal, à l'excédant des charges qui nous sont imposées, contre les industries étrangères qui veulent profiter de notre consommation.

Bien plus, toutes les industries qui, bien que placées dans des conditions économiques favorables à la production à bon marché, ne peuvent encore soutenir la concurrence étrangère, parce qu'elles sont dans l'enfance et que leurs forces ne sont ni développées ni organisées, doivent être protégées par un droit décroissant au fur et à mesure que leurs forces se développent.

Enfin toutes les industries qui subviennent aux besoins de nos armées et qui assureraient la défense de notre territoire, le jour où les étrangers viendraient à nous fermer leurs frontières, méritent, à ce titre; une protection spéciale.

Telles sont quelques-unes des lois de cet intérêt général qui comporte tous les intérêts particuliers ; et quiconque, dans une question comme celle des bestiaux, les perd de vue et oublie les rapports intimes qui unissent nos grandes industries, se laisse aveugler par des intérêts mesquins et mal entendus.

Bat proposé : l'intérêt commun.

C'est sous ce point de vue que nous allons apprécier les raisons qui ont été données pour et contre le dégrèvement des bestiaux étrangers, et chercher la solution qui satisfera le mieux aux exigences diverses et à cette condition indispensable, l'*intérêt commun*.

Nous commencerons par discuter les arguments avancés par les partisans de la boucherie, pour demander la suppression ou l'abaissement du droit d'entrée sur les bestiaux étrangers; nous prendrons ensuite les arguments que les cultivateurs mettent en avant pour montrer l'insuffisance de ce droit et la nécessité de le maintenir; enfin nous déduirons, de cette double discussion, les mesures les plus propres à remédier au mal dont on se plaint.

CHAPITRE II.

EXAMEN DES ARGUMENTS EN FAVEUR DU DÉGRÈVEMENT DES BESTIAUX ÉTRANGERS.

De tous les arguments avancés par la boucherie parisienne pour prouver la nécessité de supprimer le droit d'entrée sur les bestiaux étrangers, les plus importants, sans aucun doute, sont les faits de la diminution de consommation moyenne de la viande et du renchérissement extraordinaire de cette denrée ; car, si les prix sont assez élevés pour diminuer la consommation et si, malgré ces prix élevés, les bouchers font encore de mauvaises affaires, comme cela semble démontré, il est bien difficile de ne pas admettre que les conditions d'achat des bestiaux gras sont aussi onéreuses que celles de la revente de la viande, et que la France ne peut plus fournir à sa consommation.

Or la statistique démontre qu'en 1789 il entrait à Paris plus de bestiaux qu'il n'en entre aujourd'hui, et pourtant le nombre des habitants a augmenté, depuis cette époque, dans la proportion de 524,000 à 1,000,000. Il est démontré aussi que, depuis quelques années, les prix se sont accrus de 25 pour 100. Enfin l'administration a constaté le malaise de la boucherie par le nombre des revers et par l'abaissement du prix des étaux. Comme on le voit, ces faits sont très-graves et méritent un examen approfondi.

Diminution de consommation moyenne.

Mais, si la consommation de ce qu'on appelle la *viande de boucherie* a diminué considérablement, cette diminution est compensée, jusqu'à un certain point, par l'accroissement de la consommation de viande de porc, de viandes découpées connues sous le nom de *viande à la main*, de la volaille et d'autres substances animales.

Ainsi il entre en cochonaille l'équivalent de 102,000 porcs de 80 kilog., en viande à la main l'équivalent de 10,000 bœufs de 300 kilog.; il entre six fois plus *d'issues*, quatre fois plus de beurre, et beaucoup plus de volaille, de poisson et de marée qu'auparavant. Enfin, ce qu'il faut soigneusement noter, il sort, chaque dimanche et chaque lundi, une immense quantité de population qui va chercher hors des barrières une consommation moins coûteuse.

Si, en outre, on tient compte de la modification profonde qu'a subie la population parisienne, si on songe qu'autrefois cette ville était presque exclusivement habitée par des gens riches dont la consommation allait jusqu'à la superfluité, tandis qu'aujourd'hui elle est essentiellement manufacturière et commerçante, on comprendra, comme l'a démontré l'ingénieux calcul de M. Touret, que la consommation moyenne n'a pas diminué autant qu'il paraîtrait au premier abord.

D'ailleurs, quelque réduite quelle soit, cette consommation est encore pour chaque individu :

En viandes diverses	53 k.	750 gr.
En gibier et volaille	13	120
En beurre	11	160
En fromage	2	120
Total des substances animales, la marée non comprise,	80 k.	150 g.

C'est-à-dire que cette consommation moyenne est encore plus forte que celle de Londres, et dépasse, de 200 pour 100, la consommation moyenne de la France. Certes, il n'y a pas de quoi crier famine!

Mais, dit-on, ce n'est pas à Paris seulement qu'il y a diminution dans la consommation de la viande, c'est dans toute la France; *les chefs-lieux de tous nos départements éprouvent cette diminution;* à cette assertion que nous reconnaissons comme fondée, nous allons répondre par des documents puisés à la même source, la *Statistique de la France;* seulement, comme il importe de faire porter nos raisonnements sur les dix dernières années, comme aussi la statistique de 1840 n'a encore publié que les faits relatifs aux 43 départements de l'Est, nous nous restreindrons forcément à la partie orientale, qui n'est pas celle qui a fait le plus de progrès.

En 1830, les 43 départements de l'Est possédaient 18,494,348 têtes de bétail, dont 4,039,816 bêtes à cornes, 13,248,443 bêtes à laine et 630,089 chèvres.

En 1840, ils en possédaient 20,069,674 têtes, dont 4,335,959 bêtes à cornes, 15,180,341 bêtes à laine et 553,374 chèvres.

Ainsi l'augmentation en 10 ans a été de 296,143 bêtes à cornes, 1,355,898 bêtes à laine, et — 76,715 chèvres, en tout 1,575,326 têtes de bétail; c'est-à-dire que l'augmentation, dans ces 43 départements, a été de 8 et demi pour 100, sans compter celle des porcs, dont nous avons dû faire abstraction, parce que le recensement de ces animaux n'a pas été compris dans la statistique de 1830.

D'un autre côté, la population de ces 43 départements de l'Est

était, en 1830, de	15,442,406 habitants;
celle de 1840, de	15,917,943
ce qui fait une augmentation, en 10 ans, de	475,537

ou bien 3 pour 100. Mais, comme Paris n'est pas compris dans ces 43 départements, qui cependant contribuent à l'approvisionnement de la capitale, il convient, pour éviter autant que possible les causes d'erreur, d'ajouter à ces 3 pour 100 une proportion de l'accroissement de la population parisienne depuis 10 ans, égale à la proportion dans laquelle ces 43 départements fournissent à la consommation de bestiaux des environs de Paris.

Il résulte des tableaux dressés par l'administration que, sur 123,769 bêtes à cornes et 678,583 bêtes à laine vendues à Sceaux, ou à Poissy, pour Paris et ses environs, les 43 départements de l'Est ne figurent que pour 13 centièmes environ. Or, de 1830 à 1840, la population de Paris s'est accrue de 227,000 personnes, et, en ajoutant les 13 centièmes de ce chiffre à l'accroissement des 43 départements, on arrive à un accroissement total de 3,2 pour 100.

Ainsi et quand bien même, comme nous l'avons fait, on porterait encore une plus-value, pour la quantité de bestiaux que la partie orientale de la France expédie à la partie occidentale, il ne serait pas moins vrai de dire que la population de nos animaux de boucherie, dans la moitié orientale de la France, a augmenté en 10 ans dans une proportion au moins double de celle de la population humaine. Or quiconque connaît la France avouera que, eu égard aux progrès de l'agriculture et à l'importance de nos diverses races de bestiaux, on peut admettre la même proportion pour l'ouest et, par conséquent, pour la France entière.

Ce n'est pas tout ; on engraisse maintenant les bestiaux à un âge moins avancé qu'on ne le faisait autrefois, et on les abat aussi plus jeunes; de sorte qu'il arrive aujourd'hui à Poissy des bœufs qui n'ont guère que 5 ans. La conséquence de ce fait, c'est que nous consommons, chaque année, une plus forte part de nos existences en bestiaux, comme l'a constaté M. le ministre de l'agriculture à la chambre des pairs; et pourtant nos existences en bestiaux augmentent dans une proportion beaucoup plus forte que la population : donc on peut dire, *à fortiori*, que la consommation moyenne de la France, en viande, augmente sensiblement.

Ce fait est par lui-même d'une grande importance, mais son importance devient plus grande encore, si on le rapproche de celui avancé par la boucherie et les partisans du dégrèvement : en effet, si la consommation moyenne de la France en viande de boucherie augmente sensiblement, et si la consommation moyenne des chefs-lieux de département diminue, ne faut-il pas en conclure que la consommation moyenne des campagnes s'accroit dans une forte progression? C'est ce que, du reste, tous les habitants des campagnes savent depuis longtemps.

Ce n'est donc pas aux droits d'entrée sur les bestiaux étrangers qu'il faut attribuer l'état de choses dont on se plaint dans les villes; c'est dans les règlements qui régissent spécialement ces villes qu'il faut en chercher la cause.

Renchérissement de la viande.

Quant au renchérissement extraordinaire de la viande, nous pourrions répondre que la sécheresse de l'an dernier a réduit de 30 pour 100 au moins, par toute la France, la matière première de la production du bétail, nous pourrions alléguer les pertes énormes causées par les épizooties, et faire un tableau des frais considérables occasionnés par le transport sur essieu des bestiaux tombés malades pendant le trajet des herbages à Paris, enfin nous pourrions évaluer les déchets énormes de chair et de suif résultant des souffrances des animaux pendant ces voyages; mais des considérations plus graves attirent notre attention, et le rapport même de la commission de la boucherie appelle notre discussion dans une voie plus large : *Dans toutes les villes,* y est-il dit, *et surtout dans les grandes villes, on se plaint du renchérissement de la viande.*

En effet, nous avons nous-mêmes eu occasion

de constater que, pendant que la viande valait 1 fr. 60 c. à Paris, elle ne valait que 85 c. en Nivernais et en Normandie, 80 c. en Touraine et en Lorraine, et cela depuis nombre d'années. On écrivait qu'en Poitou et en Saintonge les bœufs restaient invendus, et que la viande atteignait à peine 80 c. par kilog. Enfin M. le vicomte de Romanet, auteur d'une excellente brochure sur la matière qui nous occupe, certifiait qu'en Sologne, à 120 kil. de la capitale, cette denrée ne valait pas plus de 70 c.

Ce deuxième rapprochement vient donc corroborer encore la conclusion que nous avons déduite des états de consommation moyenne; il nous prouve que les causes de la rareté et de la cherté du bétail dans les villes sont tout à fait indépendantes du droit sur les bestiaux étrangers et ne peut tenir qu'aux règlements municipaux sur le commerce de ces bestiaux dans les cités.

Examinons donc ces règlements municipaux, et prenons pour exemple dans notre examen ce qui se passe à Paris, celle de toutes les villes de France qui fait entendre les plaintes les plus vives.

Les règlements municipaux comprennent deux ordres de faits : l'octroi et l'organisation de la boucherie; nous allons successivement rechercher leur part d'influence dans cette question.

Le droit d'octroi de Paris sur les bestiaux, qui, en 1798, était de 15 fr. par tête de bœuf, 7 fr. 50 c. par tête de vache, 3 fr. pour les veaux et 50 c. pour les moutons, est maintenant de 44 fr. 50 c. pour les bœufs, de 31 fr. 40 c. pour les vaches, de 11 fr. 10 c. pour les veaux et de 2 fr. 95 c. pour les moutons, c'est-à-dire que la ville de Paris a prélevé en 1840, sur la valeur des 70,543 bœufs, des 19,691 vaches, des 70,000 veaux et des 426,513 moutons qu'elle a reçus, une somme de 5,792,674 fr. 25 c., sans compter ce qu'elle a tiré de l'impôt sur les viandes à la main et sur la charcuterie. Certes, cela peut déjà contribuer à faire élever le prix et baisser la consommation dans la ville, mais cela n'est pas suffisant pour expliquer l'énorme différence qui existe entre Paris et les départements sous le rapport des prix, puisque le droit d'octroi représente à peine 18 centimes par kilogr.; d'ailleurs il faut bien que Paris s'impose, pour subvenir à ses dépenses : nous ne lui ferons donc pas reproche de l'énormité du droit dont il frappe les bestiaux.

Première cause de la rareté et du renchérissement du bétail l'octroi.

Mais ce droit, tel qu'il est perçu, ne fait aucune distinction de taille ni de poids; les plus petits moutons doivent payer autant que les plus gros, et la conséquence de cela, c'est que les gros

animaux sont favorisés au détriment des petits. La moyenne des bœufs abattus à Paris était de 350 kilog. de chair nette; chacun de ces kilog. acquittait donc un droit d'octroi de 0 fr. 128; mais, comme la moyenne des bœufs de France est de 250 (1) kilog. de viande nette, il en résulte que la chair de ces bœufs, pour entrer à Paris, doit payer 0 fr. 180 par kilog., c'est-à-dire 0 fr. 052 de plus que celle des grands bœufs. Nous ne ferons pas ressortir le ridicule et l'iniquité d'une telle préférence; laissons ce soin à la brochure que maître Jacques Bujault a écrite sur ce sujet avec une plume digne de P.-L. Courrier; mais relevons les allégations par lesquelles on prétend soutenir l'utilité de cette mesure.

On dit que ces 5 centimes sont une prime accordée pour encourager et améliorer la production des beaux animaux; or nous ne pouvons admettre que l'augmentation de la taille soit une

---

(1) Ce chiffre ne coïncide pas avec celui de la statistique; mais nous ferons observer que la statistique n'a pu puiser ses documents que dans les villes à octroi, c'est-à-dire dans des conditions exceptionnelles qui ont la même tendance que celle que nous signalons en ce moment pour Paris, celle de faire élever le poids moyen des animaux introduits. Le poids moyen de la statistique est de 275 kilogrammes, la Corse non comprise.

amélioration : car, pour nous, il n'y a qu'une amélioration, c'est celle qui conduit à la production à bon marché, sans détériorer la qualité; pour nous, les animaux sont des machines à transformer le fourrage en denrées de consommation; et, de même que les meilleures machines à vapeur sont celles qui donnent le plus de *dynamies* ou de *chevaux-vapeur* pour 1,000 kilog. de houille, de même nous disons que les meilleurs bestiaux sont ceux qui consomment le moins de fourrage pour donner un quintal de viande. Or notre expérience, et en cela elle concorde avec celle des éducateurs les plus célèbres, nous a prouvé que, sous ce rapport comme sous celui de la qualité de chair, les gros animaux ne sont pas en général les meilleurs. Backwel a diminué la taille de l'ancienne race du Leicestershire pour en faire le *dishley*. C'est à dater du petit taureau *Hulack* que les *short horns de Durham* ont acquis entre les mains de *Collins* la supériorité qu'on leur reconnait, pour l'assimilation des fourrages.

Mais il y a mieux encore à répondre aux personnes qui soutiennent l'utilité de cette prime de 5 centimes à accorder aux gros animaux : c'est que précisément le poids moyen des bestiaux a constamment été en décroissant à Paris depuis l'établissement de cette prime.

Quelque minime qu'elle paraisse, cette prime a eu les suites les plus funestes pour les consommateurs et pour les producteurs; elle a suffi pour écarter complétement du marché de Paris les produits de la grande majorité de nos départements, et pour en donner le monopole exclusif aux dix ou onze d'entre eux qui avaient les plus riches herbages; c'est elle encore qui a amené l'immense différence de 100 pour 100 entre les prix de la viande autour de Paris et dans les départements.

Ces 5 centimes, en effet, forcent les bouchers à payer à l'octroi, pour la viande d'un bœuf moyen, 12 fr. 50 c. de plus que pour la viande d'un grand bœuf; or, comme il tue 140 bœufs par an, cela ferait pour lui une différence de 1,750 fr., à laquelle il faudrait joindre une somme au moins égale pour les moutons, les vaches et les veaux, s'il lui prenait la fantaisie de tuer les bestiaux moyens de France; cela ferait donc 3,500 fr., qui sont plus que suffisants pour payer l'industrie d'un homme.

Aussi les marchands qui amènent des bestiaux à Poissy voient-ils la boucherie demander exclusivement leurs gros animaux et ne prendre les bœufs moyens que comme pis-aller. Toutes les chances des *renvois* tombent donc nécessairement sur ces espèces de bestiaux moyens; et les marchands, pour s'éviter de pareilles pertes, finissent par ne plus en acheter sur les foires des pays d'embauche, lors même qu'on consent à les y céder à 5 c. par kilog. moins cher que les autres.

C'est ainsi que de petites causes finissent par produire de grands résultats, et qu'une gêne minime en apparence a pu, avec le temps, fermer une voie commerciale importante à la majorité des producteurs de bestiaux. Car, il faut bien le répéter, la taille des animaux est et doit rester proportionnelle à la fécondité du terrain; vouloir produire de grands animaux dans des sols médiocres, c'est s'exposer à des mécomptes certains et faire une mauvaise production.

Le droit d'octroi par tête favorise donc les localités les mieux partagées par la nature, et exclut forcément du marché celles qui auraient le plus besoin de protection ; aussi, quand les prix de la viande à Paris deviennent très-élevés et quand, en perdant 5 centimes par kilog., les cantons producteurs de bestiaux moyens trouveraient encore une rémunération très-satisfaisante, ils ne peuvent profiter immédiatement de cette cherté : 1° parce que les foires n'ont pas lieu à temps opportun; 2° parce que les marchands de Paris ne fréquentent pas ces foires; 3° parce qu'on n'y trouverait pas toujours des *toucheurs* expérimentés pour conduire les bestiaux ; 4° parce que, sur les routes, les toucheurs n'auraient pas toujours des auberges spéciales, échelonnées par étapes convenables, et disposées de longue main pour loger et nourrir à bon marché les bestiaux de passage; 5° et *surtout parce que, sous le régime actuel de la boucherie, l'extrême cherté de la viande n'empêche pas qu'à Poissy il ne reste souvent beaucoup d'animaux invendus, et que sur eux pèseraient toutes les probabilités de ces renvois.*

Or, on ne sait pas assez toute l'importance de ces obstacles; on ne sait pas assez qu'il y a dans les frais une différence souvent de plus de 50 pour 100, lorsque les animaux voyagent avec les toucheurs habitués, ou lorsqu'ils voyagent en troupeaux particuliers. Enfin on ne se rend pas assez compte des pertes considérables que les *renvois* occasionnent aux marchands, en les forçant à séjourner dans des localités où tous les fourrages sont hors de prix, avec des animaux dépérissant déjà par la fatigue.

Cette exclusion de la majorité des producteurs, et le monopole qui en est résulté pour ceux de 10 à 12 départements, ont eu pour conséquence naturelle de faire augmenter le prix de la viande sur les marchés de Paris. Ce renchérissement a provoqué les herbagers favorisés à développer leur industrie, et ils se sont fait entre eux une concurrence dont le résultat a été l'augmentation du loyer des herbages et des autres terres. Mais comme le fourrage est la matière première qui contribue presque exclusivement à la production du bétail, et comme la valeur du fourrage a augmenté de 50 pour 100, quand la valeur locative des herbages a été portée de 120 fr. à 180 fr. par hectare, il en est résulté aussi qu'on ne peut plus aujourd'hui, dans les localités exclusivement protégées par le droit d'octroi par tête, produire à aussi bon marché qu'autrefois. *Ainsi cette protection, qui devait fortifier l'industrie de l'engraissement, l'a amenée à un point où elle peut, moins que jamais, supporter la concurrence étrangère.*

Dans Paris, ce renchérissement de la viande amenait d'autres résultats : au fur et à mesure que les prix s'élevaient, la consommation diminuait ; c'est ce qui arrive toujours en pareille circonstance; puis, les bouchers, abattant moins de bestiaux, firent des profits moins répétés ; ils ne furent plus assez occupés et, par conséquent, ne purent plus abattre à aussi bon marché qu'auparavant.

Ce n'est pas tout encore; Paris ne fut pas plutôt engagé dans cette voie détestable, que chaque ville voulut l'y suivre; toutes établirent un droit d'octroi par tête d'autant plus fort qu'elles étaient plus populeuses. Le petit bétail fut donc peu à peu repoussé avec une déplorable unanimité, et partout on commença à se disputer le peu de gros bestiaux que la France peut produire. Auparavant, tous ces animaux de très-grande taille allaient à Paris, parce que là seulement ils trouvaient de hauts prix; mais bientôt ils se détournèrent de cette direction, s'arrêtèrent dans les grandes villes qui avaient suivi de plus près l'exemple de la capitale, et qui leur offraient des conditions d'autant plus avantageuses que le trajet à faire était moins considérable. Aussi la taille des animaux qui arrivent aujourd'hui à Poissy et à Sceaux tend-elle chaque jour à décroître davantage, et c'est là un des arguments que la boucherie parisienne met en avant pour montrer la nécessité du dégrèvement.

Ainsi le droit par tête a amené la rareté sur les marchés des villes, et y a fait décroître la consommation moyenne; il a mis la boucherie de Paris dans l'état de malaise où elle se trouve; il a privé de ses débouchés naturels la production des bestiaux dans la grande majorité de nos départements, et tout cela pour empêcher ceux qu'il devait protéger de produire désormais à bon marché.

Il n'y a guère que les propriétaires fonciers des quelques départements favorisés, eux qui ont vu leurs revenus augmenter de 50 pour 100 en peu d'années, qui, peut-être, n'aient pas souffert de cette protection; et encore, leurs avantages se trouvent-ils en partie compensés par la cherté de leur propre consommation et *surtout par l'abaissement de valeur de l'argent qui compose leurs revenus;* car, il ne faut pas s'y méprendre, cette dépréciation des espèces, constatée par le renchérissement de toutes les denrées, est une suite inévitable de cet échafaudage de protections mal entendues, entassées sur des monopoles.

Deuxième cause de cette rareté et du renchérissement du bétail : organisation de la boucherie.

L'organisation de la boucherie parisienne est une de nos plus anciennes et de nos meilleures institutions municipales; depuis le xve siècle, époque de sa création, elle a subi bien des modifications : les unes malheureuses, qu'il a fallu abandonner; les autres heureuses, vers lesquelles on a dû souvent revenir. L'histoire de ces transformations, et des effets qu'elles ont produits, porte avec elle un haut enseignement et doit être consultée. Eh bien, comme l'a parfaitement établi le rapport de M. Boulay de la Meurthe, au nom de la *commission de la boucherie,* toutes les fois qu'on a fait entrer le commerce de la boucherie parisienne dans la voie où l'ont placée les ordonnances de 1825, il y a eu diminution dans les approvisionnements, diminution du poids moyen des bestiaux, enchérissement de la viande, diminution de consommation et souffrance de la boucherie.

Cela tient à ce que l'approvisionnement de Paris est dans des conditions tout à fait exceptionnelles : dans les environs de Paris on ne produit que fort peu de bestiaux; la plupart des bœufs doivent franchir des distances de 150 à 400 kilom. avant d'arriver à Paris, et ce trajet a mille graves inconvénients :

1° Il faut payer de 8 à 20 francs, par tête de bœuf, aux toucheurs qui se chargent de les amener.

2° Les animaux peuvent tomber malades en route et alors il faut s'en défaire, souvent à vil prix, dans les petites villes du passage.

3° Les animaux, quand le temps devient trés-mauvais, ne peuvent quelquefois arriver à temps pour l'heure du marché.

4° Les animaux, par les fatigues du voyage et aussi par suite d'une nourriture moins bonne, moins abondante, éprouvent un déchet considérable dans leur poids de chair et de suif. Ce déchet, que nos expériences directes nous ont fait évaluer à 10 pour 100 pour des moutons *pouturiers* et pour le trajet de Grignon à Paris par Poissy (55 kilomètres), doit en moyenne être estimé à au moins 15 pour 100 pour les bœufs qui fournissent Paris, c'est-à-dire à 50 francs environ. Ce déchet, nous le savons, n'entre jamais en ligne de compte, soit dans les foires des pays d'herbage, soit à Sceaux ou à Poissy; cela tient à l'existence d'un *poids de convention* qui, sur chaque marché, sert de base à l'estimation en argent. Ainsi on n'évalue pas à Poissy l'animal d'après ce qu'il pèse réellement au moment même de la vente, mais d'après ce qu'il pèsera à la cheville du boucher ; et il en est ainsi, parce que *la mort* est le seul moyen certain de vérification (1) et que les vendeurs consentent à y recourir quelquefois quand ils ne peuvent s'entendre avec le boucher. Mais les bestiaux ont horriblement à souffrir de la fatigue, de la faim et des mauvais traitements pendant la journée qu'ils passent sur le marché ; ces souffrances s'accroissent encore pendant le trajet de Poissy à Paris, et continuent à l'abattoir ; de sorte qu'ils perdent rapidement ce qui a coûté tant de peine à obtenir, et qu'il y a une différence très-sensible entre le poids de

---

(1) Il serait bien important que les administrations municipales fissent placer des balances publiques dans les marchés de bestiaux ; les vendeurs et les acheteurs pourraient y recourir en cas de désaccord, et cette garantie contre l'erreur ou la mauvaise foi réagirait d'une manière heureuse sur l'approvisionnement des marchés.

l'animal au moment de l'achat et son poids au moment de sa mort. Ce qui se fait à Poissy se fait aussi dans les foires qui envoient du bétail sur Paris ; partout on évalue les animaux ce qu'ils pèseront probablement à l'abattoir, parce que nulle part on n'a de moyen d'apprécier exactement, et on masque ainsi un déchet qui, au fond, est très-réel.

5° Une fois au marché, les animaux peuvent être renvoyés : il faut alors que le marchand perde son temps et attende le marché suivant ; heureux encore si ses bœufs ne sont pas reconnus à ce marché pour avoir déjà subi le renvoi, et si, par cela seul, ils n'éprouvent pas une nouvelle dépréciation.

6° Les animaux vendus et livrés, tout n'est pas encore fini. Ceux qui périssent dans le trajet de Poissy à Paris sont à la charge du vendeur ; ceux qui marchent mal doivent être conduits avec précaution et sont mis aux *bœufs las* ; c'est 5 francs à payer par le vendeur ; et, pour ceux qui refusent de marcher et sont mis en voiture, c'est 15 francs, encore aux frais du vendeur.

Tous ces inconvénients, surtout celui du renvoi, sont très-graves pour les marchands ; ils diminuent dans une énorme proportion les bénéfices qu'ils seraient en droit d'attendre. C'est à tel point, que nous connaissons plusieurs localités qui ont renoncé à expédier à Sceaux et à Poissy, malgré le haut prix de ces marchés, et ont préféré fournir des villes voisines où la viande est de 20 pour 100 moins chère. Il faut donc que, pour engager les éleveurs à approvisionner Paris, on leur offre des facilités et des sûretés qui puissent compenser ces inconvénients.

Les anciennes administrations municipales avaient parfaitement compris cette nécessité, et l'expérience leur avait appris que les moyens les plus efficaces pour attirer les marchands étaient 1° de garantir les payements ; 2° d'assurer, autant que possible, la vente, en forçant tous les besoins à se manifester sur le marché ; 3° enfin, de garantir la sincérité des prix, en combattant le monopole et en empêchant les manœuvres dont il s'entoure habituellement.

C'est dans ce but que la *caisse de Poissy* fut instituée pour payer intégralement et sans retards les achats de la boucherie ; c'est pour cela que tous les bouchers devaient faire eux-mêmes leurs achats au marché ; c'est pour cela qu'il leur était autrefois défendu, même sous *peine de mort*, de faire leurs achats hors du marché et hors des heures prescrites, de peur que les herbagers, arrivant ensuite au marché, n'y trouvassent plus un nombre suffisant d'acheteurs. Enfin, c'est encore dans ce but que la *vente à la cheville* (1) était sévèrement interdite, parce que c'est par ce moyen que les bouchers riches accaparent tout le commerce de la boucherie et le peuvent diriger à leur gré.

Nous le répétons, l'histoire est là pour démontrer que, tant que ces mesures furent en vigueur, les marchés furent approvisionnés d'une grande quantité de bestiaux, le poids moyen des animaux fut plus élevé, la viande moins chère et la consommation plus grande. Mais, pour que ces mesures fussent possibles et efficaces, il fallait que les bouchers fussent assez riches pour déposer un cautionnement et pour payer comptant, par l'entremise de la caisse de Poissy, toute la viande dont on a dû les obliger, dans l'intérêt de la population, à garnir constamment leurs étaux : il fallait donc leur assurer un travail à peu près constant et le débit de leur marchandise ; il fallait, en un mot, limiter le nombre des bouchers et le proportionner au nombre des consommateurs.

---

(1) Les gros bouchers achètent le bétail nécessaire à un grand nombre de leurs confrères, le font abattre et le leur vendent au détail ; c'est la revente à la cheville. On conçoit que, si les bouchers en gros veulent vendre trop cher, les petits bouchers achètent moins que les besoins de leurs pratiques ne l'exigeraient.

Cependant, malgré les heureux résultats de cette organisation, des propriétaires et des herbagers, mal éclairés sur leurs véritables intérêts, s'imaginant faire hausser les prix par une plus grande concurrence entre les bouchers, et ne voyant pas que ces hauts prix seraient funestement compensés par l'incertitude de la vente, demandèrent et obtinrent une augmentation considérable du nombre des bouchers et le libre commerce de la vente à la cheville. Ils ne tardèrent pas à reconnaître leur erreur, et réclamèrent la réorganisation de la boucherie sur l'ancien pied; mais, il était trop tard; on ne put adopter que des demi-moyens, et ce régime bâtard a été continué après 1830, jusqu'à ce jour.

Les conséquences ont été ce que l'on aurait dû prévoir : approvisionnement moins complet, poids moyens moins élevés, cherté de la viande, réduction de la consommation et souffrance de la boucherie.

Aujourd'hui, sur 500 bouchers, il n'y en a guère que 150 qui fassent eux-mêmes les achats à Sceaux et à Poissy; ceux-ci, par leur richesse, par le malaise de leurs confrères, ont entre leurs mains tout le commerce de la boucherie parisienne. C'est avec eux seuls que les herbagers peuvent traiter, c'est par eux seuls que les 350 autres bouchers doivent se procurer de la viande. Le peu de valeur actuelle des étaux de ces derniers ne leur ouvre plus un crédit suffisant à la caisse de Poissy; ils ne peuvent plus payer comptant, et ce n'est plus que *moyennant arrangements* qu'ils trouvent à s'approvisionner à la cheville de leurs confrères les gros bouchers.

Bien des personnes trouvent, dans cet état de choses, une application heureuse du principe de la *division du travail;* mais, sans nous arrêter à faire ici de la théorie, nous leur répondrons par un fait bien constaté que nous livrons à la méditation des économistes et de l'administration : *Pendant qu'on criait famine à Paris, pendant qu'on saisissait de la viande de cheval chez les restaurateurs de bas étage, pendant qu'on surprenait des malheureux recueillant des chairs immondes, enfin pendant que la rareté de la viande en faisait monter le prix à 1 fr. 80 c., 1 fr. 90 c. et même 2 fr. par kilog., il y avait à Poissy et à Sceaux des renvois de* 217 *bœufs et* 1320 *moutons de qualités très-présentables.*

Qu'on nous explique comment la *demande* n'a pas, dans ces circonstances, accepté l'*offre* qui lui était faite de ces bestiaux; ou bien, comment il se peut faire que, l'*offre* étant plus forte que la *demande*, la *valeur échangeable* de la viande n'ait pas subi de réduction!

Pour nous, et sans accuser personne de coalition, nous sommes bien convaincus que, si les cinq cents bouchers de Paris eussent été sur le marché pour y manifester les besoins de leurs clients, les choses ne se fussent pas passées ainsi; tout le bétail eût été enlevé, ou bien la viande eût baissé de valeur.

D'ailleurs, quelle que soit l'explication que l'on admette, il n'est pas moins vrai que de pareils faits détournent, de plus en plus, les herbagers des marchés de Paris; car il n'est pas de haut prix qui puisse compenser les pertes occasionnées par le renvoi; d'autant moins que, dans l'attente de ces prix élevés, on achète plus cher dans les pays de production.

Pendant que nous sommes sur ce sujet, nous pourrions encore signaler quelques abus qui tendent aussi à éloigner les vendeurs : telles sont les manœuvres qui peuvent abaisser la mercuriale et altérer la sincérité des prix; tels sont les achats dans les bergeries et les livraisons de ces achats à jour fixé à l'avance; telles sont enfin les menées et les réunions de plusieurs bouchers qui entourent et circonviennent les marchands, les tenant jusqu'au moment du renvoi, sous le coup d'offres de moins en moins avantageuses... Mais ce sont des abus auxquels il est tellement difficile d'obvier, que nous devons nous borner à les signaler !

Il est un dernier fait que nous voulons recommander à l'attention de l'administration, parce qu'en fréquentant nous-mêmes les marchés nous avons été frappés de son importance : la caisse de Poissy a eu la plus heureuse influence sur les approvisionnements de Paris, parce qu'elle offre aux vendeurs la garantie d'un payement immédiat et intégral; mais cette heureuse influence a décrû très-sensiblement, parce que le nombre des bouchers de Paris et l'importance de leurs achats diminuent chaque jour, tandis que le nombre des bouchers des environs et la somme de leurs acquisitions augmentent rapidement.

Or, comme la caisse municipale ne paye pas pour ces derniers bouchers et comme le marchand ne sait plus à qui il a affaire, la sûreté et la facilité de ses rentrées diminuent, et les avantages de la caisse de Poissy deviennent illusoires.

Il serait donc fort important d'assimiler les bouchers des environs de Paris à ceux de la capitale, sous le rapport du payement; il faudrait les obliger à se faire ouvrir un crédit à la caisse municipale, ou à une caisse départementale, et étouffer ainsi l'incertitude qui commence à entourer de nouveau les vendeurs.

Malaise de la boucherie.

La discussion à laquelle nous venons de nous livrer nous permettra de nous arrêter fort peu à ce troisième argument des partisans du dégrèvement; déjà nous avons eu l'occasion de montrer la prospérité du commerce de la boucherie comme intimement liée à la consommation abondante et par conséquent à bon marché. Tant que les anciens règlements ont été exécutés, les marchés ont été bien approvisionnés de lourds animaux et les bouchers dans l'aisance. Nous pouvons donc rattacher la souffrance dont se plaint aujourd'hui la boucherie aux causes que nous avons signalées plus haut. Nous ajouterons cependant que, à notre avis, la valeur de 40,000 fr., à laquelle on estimait autrefois les étaux de boucherie, était, pour l'industrie du boucher, une circonstance fâcheuse, et que la réduction de 40,000 à 10,000 fr. est une chose qu'il ne faut pas regretter, quoiqu'elle indique une crise fâcheuse. Les 40,000 f. que le boucher devait payer pour la clientèle et le droit d'un étal ne profitaient en rien à l'exploitation de son commerce; au contraire, ils l'obligeaient à prélever 2,000 fr. sur ses produits bruts pour payer l'intérêt de ce capital, et cela diminuait d'autant le salaire de son industrie. La valeur élevée à laquelle étaient arrivés les étaux de boucherie indique que la protection dont on avait entouré cette industrie commençait à dépasser de sages limites, et, selon nous, il aurait fallu autoriser l'ouverture de quelques nouveaux établissements quand cette valeur a sensiblement dépassé le taux qui est nécessaire pour cautionner suffisamment les bouchers vis-à-vis de la caisse municipale.

Nous ne sommes point partisans, néanmoins, de la mesure qui, tout d'un coup, a porté le nombre des bouchers de Paris de 300 à 500; car elle a dépassé, dans le sens opposé, les besoins de la consommation et occasionné bien des revers. On conçoit parfaitement que, pour que les bouchers puissent abattre le bétail et l'apprêter à bon marché, il faut qu'ils aient suffisamment de travail pour s'occuper constamment, et qu'ils trouvent le débouché assuré *des viandes dont ils doivent tenir leurs étaux toujours garnis pour rassurer le peuple sur sa subsistance.*

Détérioration de la qualité des bestiaux.

Diminution du poids moyen des bestiaux.

On prétend que la viande de boucherie a perdu, à Paris, de son ancienne qualité; on fait valoir cette allégation en faveur du dégrèvement, et, pour en démontrer la véracité, on met en avant la diminution du poids moyen des bestiaux; mais, à plusieurs reprises, nous avons signalé cette diminution comme une conséquence de la désorganisation de la boucherie, et de la concurrence que les villes se font entre elles pour les gros animaux. Nous ajouterons que le poids moyen des animaux abattus à Londres est moins fort que celui des animaux tués à Paris; que les gens riches d'Angleterre ne consomment presque jamais des bestiaux de grande taille, pas même des bœufs de la belle race de Durham, ni des moutons perfectionnés de Dishley; ils préfèrent les petites races, parce qu'elles fournissent une viande plus savoureuse et à grain plus fin. En France même, chacun a pu remarquer que, à engraissement égal, les petits bestiaux fournissent de la viande au moins égale en qualité à celle des grands.

Diminution du suif.

On allègue aussi la diminution du suif, comme preuve de la détérioration de la viande. Certes, la chair d'un animal maigre n'est pas de bonne qualité; mais celle d'un animal très-gras n'est pas non plus agréable, et, en Angleterre aussi, elle est bien moins estimée que celle des animaux moyennement gras, malgré les tours de force, en fait d'engraissement, que l'on exhibe à Smiethfield. Nous concevons que les bouchers se plaignent vivement de cette diminution, puisque le suif est pour eux un profit net; mais nous ne savons jusqu'à quel point les consommateurs, qui n'aiment pas le suif et ne le revendent pas aux chandeliers, peuvent partager les griefs de la boucherie à ce sujet. D'ailleurs, il est tout naturel que le poids du suif diminue quand le poids en viande des animaux diminue aussi.

Engraissement à un âge moins avancé.

L'âge moins avancé auquel on engraisse aujourd'hui les animaux qui arrivent à Poissy est une conséquence de la rareté des grands bestiaux nécessaires aux villes; il est une conséquence aussi des améliorations apportées à la production des bestiaux; mais il ne prouve nullement une détérioration de cette denrée. Les animaux arrivés à l'âge adulte, c'est-à-dire à quatre ou cinq ans, suivant les races, sont reconnus partout, comme donnant de la meilleure viande que les animaux plus âgés. En Hollande, et surtout en Angleterre, on abat les animaux à un âge moins avancé encore que nous ne commençons à le faire.

Engraissement plus rapide.

La moindre durée de l'engraissement n'est pas un argument plus probant; car, lorsque les animaux sont plus jeunes et en meilleur état, ils s'engraissent avec une rapidité bien plus grande que quand ils sont vieux et usés par le travail. Il est vrai que ces engraissements rapides à un âge moins avancé donnent moins de suif; mais, encore une fois, le suif sert à faire de la *stéarine*, et c'est d'une question de subsistance qu'il s'agit aujourd'hui.

Accroissement de consommation de la viande de vache.

L'accroissement qui, depuis quelques années, s'est fait remarquer dans la consommation des vaches, à Paris, est aussi un argument qu'on fait beaucoup trop valoir pour prouver la pénurie des bons bœufs en France. Cet accroissement est tout simplement la conséquence de l'augmentation énorme de la consommation du lait dans Paris, et de la cherté qu'un octroi absurde a occasionnée à la viande. Aujourd'hui les *nourrisseurs* ont plus d'avantage à renouveler, chaque année, leurs étables que de faire faire des veaux à leurs vaches; ils les nourrissent fortement pour les maintenir en bon état; et, aussitôt que le lait tarit, ils les livrent à la boucherie. La viande des vaches traitées ainsi est, d'ailleurs, de bonne qualité, et on ne saurait trop s'élever contre le préjugé qui la frappe de non-valeur. Les vaches que Grignon envoie à Poissy y sont assimilées au bœuf de bonne qualité et vendues comme telles. Nous pourrions citer des bouchers qui ne craignent pas d'avouer que ces vaches fournissent parfois *le plus beau bœuf* de leur étal. A Londres, en Hollande, en Normandie même, on tue une quantité de vaches bien plus grande encore qu'à Paris, et la viande n'y passe pas pour mauvaise. Sans doute, la chair des vaches tuées vieilles, usées et étiques, comme on les tuait autrefois à Paris, est détestable; mais, à aucune époque, les vaches n'ont été mieux nourries et abattues plus jeunes que maintenant.

Accroissement du commerce de la viande à la main.

De tous les arguments avancés pour montrer une détérioration dans la qualité de la viande, et, par suite, le manque de bons bestiaux, le dernier est le seul qui, à nos yeux, ait quelque valeur. La consommation de la viande introduite dans Paris toute dépecée (viande à la main) s'est beaucoup accrue, et c'est une chose fâcheuse. La surveillance que l'administration exerce dans l'intérêt de la salubrité publique est ici inefficace ; car il est très-difficile de reconnaître, à l'inspection du morceau, l'état de santé de l'animal qui l'a fourni ; et, comme la *viande à la main* est frappée d'une surtaxe assez forte, il n'est pas possible qu'elle soit de bonne qualité. Cette qualité sera même d'autant moindre que la surtaxe sera plus élevée, et l'élévation de taxe n'empêchera jamais l'introduction de la viande à la main, parce que, toujours, il y aura des animaux de mauvaise qualité.

Ce commerce est d'autant plus vicieux qu'il aggrave la position de la boucherie parisienne, sans être d'une utilité très-sensible aux cultivateurs des environs et aux marchands toucheurs qui perdent des bestiaux autour de Paris : ces cultivateurs et ces toucheurs restent à la merci des bouchers forains, vulgairemement nommés *tue-tout*, et c'est à vil prix qu'ils sont forcés de leur livrer les animaux qui ont éprouvé des accidents.

Maintenant que nous avons examiné successivement tous les arguments avancés en faveur du dégrèvement, et que la discussion nous a amenés à des conclusions diamétralement opposées à celles qu'on avait cherché à en tirer, nous allons soumettre les objections des cultivateurs à la même épreuve, et rechercher si le maintien du droit d'entrée sur les bestiaux est indispensable.

CHAPITRE III.

ARGUMENTS EN FAVEUR DU DROIT D'ENTRÉE SUR LES BESTIAUX ÉTRANGERS.

Insuffisance du droit actuel.

« Les droits d'entrée sur les bestiaux étrangers, « dit-on, sont insuffisants pour protéger notre « industrie agricole contre la production étran- « gère; et on vient en demander l'abolition!... Il « faudrait au contraire augmenter ce droit, qui « n'équivaut pas, pour les bœufs, à ce que cha- « cun de ces animaux doit payer au fisc sous « forme d'impôts fonciers. La production de la « viande d'un bœuf arrivant sur les marchés, « ajoute-t-on, coûte environ 100 francs d'im- « pôts fonciers. »

A l'appui de ces allégations, on établit des calculs sur la quantité de fourrage nécessaire pour former un bœuf; puis on en déduit la surface de pré qui doit y contribuer, et enfin on arrive à l'impôt foncier qui frappe cette étendue de pré. Ces calculs, nous le reconnaissons, sont difficiles, parce que les documents sur lesquels on peut s'appuyer sont trop variables; mais on en peut cependant en discuter les bases, et, nous devons l'avouer, celles qu'on a choisies ne nous paraissent pas bonnes.

D'abord, on n'applique pas les poids de nourriture aux bœufs moyens de France qui, comme nous l'avons dit, ne pèsent que 250 kilog. chair nette ; on ne l'applique pas non plus au mode de production le plus généralement usité, mais bien à un mode plus avancé, d'après lequel on nourrit mieux les mères et les jeunes animaux.

En second lieu, on attribue au veau toute la nourriture de sa mère et du taureau. Cependant, en n'admettant le produit moyen du lait qu'à deux litres et demi par jour, et à 5 c. la valeur qu'on tire du litre de lait, on voit que le prix d'un veau en naissant étant de 10 f., terme moyen en France, ce veau ne représente que la cinquième partie du produit total d'une vache. Donc il ne faudrait attribuer aux veaux nouveau-nés que la cinquième partie des frais des vaches et du taureau.

On porte aussi au *débet* de la production de la viande la nourriture des bœufs pendant toute la période du temps de leur travail; pourtant les bœufs de 3 à 4 ans sont maintenant aussi chers que les bœufs de 6 à 7 ans; c'est donc le travail et non pas leur accroissement qui paye leur nourriture pendant ces 3 ou 4 années.

Puis on estime la nourriture en foin de pré,

tandis que, dans l'état actuel des choses, les légumes et les racines entrent en général pour une notable partie dans leur alimentation. Or les prés moyens donnent moins de substance alimentaire par hectare que le trèfle, les luzernes et les racines; donc on augmente ainsi la surface de terre nécessaire pour former la viande d'un bœuf. D'un autre côté, l'hectare de terre arable moyenne ne supporte pas un impôt foncier aussi considérable que l'hectare de pré moyen; on force donc ainsi doublement l'impôt acquitté par un bœuf.

Enfin on suppose que l'impôt foncier représente la cinquième partie du revenu net; nous admettons bien que cette proportion existe pour quelques terres de l'ouest, mais ce n'est nullement une moyenne pour toute la France. Nous avons réuni de nombreux documents à ce sujet, et il en résulte qu'*un septième* est une moyenne plutôt élevée que faible (1).

D'ailleurs, la preuve évidente que les bases adoptées pour ces calculs sont inexactes et exagérées, c'est qu'en admettant qu'un bœuf moyen paye 100 francs d'impôt foncier, et que

(1) La moyenne de l'impôt, dans la partie orientale de la France, ne paraît pas être plus d'un huitième du revenu foncier.

l'impôt foncier soit la cinquième partie des revenus du sol, le bœuf aurait consommé, capitalisé au *minimum*, une somme cinq fois aussi forte que l'impôt, c'est-à-dire 500 fr.; or, comme il faut compter au moins 33 pour 100 du prix total de revient pour les intérêts accumulés et pour les autres frais de production, il résulterait qu'un bœuf qui est vendu en moyenne 225 fr. reviendrait à un prix de 750 francs.

Selon nous, il faut s'y prendre d'une tout autre manière pour apprécier, à peu près exactement, la part d'impôt foncier qu'un bœuf moyen de France supporte en ce moment : établissant son poids moyen à 250 kilog. et le prix sur la plupart des bons marchés à 225 fr., frais de vente et de transport déduits, nous dirons : Ces 225 fr. représentent 1° le revenu de la terre consacrée à la production de la viande du bœuf; 2° les frais divers de cette production; 3° les intérêts accumulés de ces avances; 4° les profits du producteur. Mais, pour rester au-dessous du vrai plutôt qu'au-dessus, supposons qu'il n'y ait ni bénéfice ni perte pour le producteur, et ne portons qu'à 20 pour 100 la part dans laquelle les frais et les intérêts contribuent à ce prix de revient de 225 fr.; il restera donc, pour représenter la part du revenu du sol, 80 pour 100 du prix total 225 fr., soit 180 fr. Or, nous l'avons dit, l'impôt foncier emporte la septième partie du revenu; c'est donc environ 26 fr. d'impôt foncier que devrait acquitter un bœuf moyen, et 39 fr. que devraient payer les grands bœufs de 340 kilog.

Le droit d'entrée sur les bestiaux étrangers est donc plus que suffisant pour faire équilibre aux charges qui pèsent sur notre production de bétail par l'impôt foncier. C'est du reste ce qu'il était facile de prévoir en observant l'accroissement de nos animaux depuis dix ans.

D'ailleurs, il faut encore examiner si, comme on l'a avancé, les producteurs allemands n'ont pas réellement d'impôt foncier; car, s'ils avaient des charges à peu près équivalentes aux nôtres, la protection serait moins motivée. Les impôts de l'Allemagne sont assez faibles, il est vrai, mais pas autant qu'on le donne à entendre. En Wurtemberg, pays qui nous envoie du bétail, l'impôt foncier des terres moyennes est environ de 2 fr. 50 c. par hectare, tandis qu'en France il est de 5 fr. en moyenne de toutes nos terres imposables. Mais il y a de lourdes compensations à cette légèreté d'impôt foncier : les cultivateurs ont à payer la dîme du clergé et celle de la noblesse *immédiate*. On nous a montré des domaines qui payent quatre gerbes sur dix, et quoique des biens nobles (Ritterguth) soient exempts d'impôts, il n'est pas moins vrai qu'on ne peut faire abstraction des charges qui pèsent sur les productions allemandes.

Dépréciation de la richesse agricole.

« Mais, dit-on, admettant la plus que suffi-« sance du droit protecteur, un dégrèvement de « 50 pour 100 de ce droit ne réduirait pas moins « de 20 à 25 pour 100 le capital du bétail en « France; et comme ce capital monte à 1500 « millions de francs, ce serait une perte de 300 à « 370 millions pour les cultivateurs et pour la « richesse du pays. » Ces calculs nous paraissent inexacts : sur les 27,000 têtes de gros bétail importées chaque année, les deux tiers ou les trois quarts sont destinés à régénérer nos bestiaux *et à leur donner plus de valeur*; une importation plus facile augmenterait ces heureux effets. En 1840, il n'est entré que 7,324 bœufs qui, seuls, ont pu faire tort aux producteurs de bestiaux.

Puis ce serait méconnaître tout ce que l'expérience et la raison ont appris à la science économique, que de penser qu'un dégrèvement de 25 fr. sur les *bœufs* étrangers diminuerait de 25 fr. la valeur de chacun de nos bestiaux; il ne pourrait diminuer de cette somme que nos *bœufs* tout au plus, et nos autres bestiaux, vaches, génisses, taureaux, ne pourraient perdre que proportionnellement au dégrèvement des vaches, des génisses et des taureaux qui seraient importés (1). D'ailleurs, du moment où le dégrèvement serait adopté, l'équilibre des prix tendant toujours à se rétablir, la valeur des bestiaux en Allemagne augmenterait comme elle a baissé lors de l'établissement du droit d'entrée, et cette hausse serait à peu près égale à la dépréciation de nos animaux. Cette dépréciation serait donc environ 12 fr. 50 pour nos bœufs, et 5 fr. 27 c. pour la moyenne de tous nos animaux ; et encore est-il fort important de faire une distinction entre les espèces de bestiaux qui, jusqu'à présent, ont eu avantage à pénétrer en France, et ceux qui n'y sont pas entrés : les grands bœufs, par exemple, qui entrent aujourd'hui, n'occasionneraient une dépréciation entière de 12 fr. 50 c. qu'à la frontière et sur les quelques marchés qu'ils fréquentent ; les petits bœufs qui ne sont pas encore importés et seraient introduits, par suite du dégrèvement, n'occasionneraient cette dépréciation entière de 12 fr. 50 c. qu'à la frontière seulement. Partout ailleurs,

(1) Le droit d'entrée actuel est : bœufs, 50 fr. ; taureaux et bouvillons, 15 fr. ; vaches, 25 fr. ; génisses, 12 fr. 50 c. ; veaux, 3 fr. ; décime non compris. La moyenne du droit pour tous ces bestiaux est donc 21 fr. 10 c., et le dégrèvement de 50 pour 100 serait en moyenne 10 fr. 55 c.

cette dépréciation irait en diminuant proportionnellement à la distance de la frontière, et elle serait nulle hors de la zone de territoire qui occasionnerait 12 fr. 50 c. de frais de voyage; de sorte que, tenant compte du nombre des départements qui fournissent les mêmes marchés que les Allemands et des frais habituels de transport par 100 kilom.; tenant compte de la dépréciation moyenne à la frontière et des prix moyens de nos animaux; tenant compte enfin de l'étendue totale de la France par rapport à l'étendue de la zone, dont la traversée occasionnerait des frais égaux à 12 fr. 50 c., on trouverait que cette dépréciation de notre bétail ne dépasserait pas 1 pour 100 de sa valeur.

Diminution des engrais et des céréales.

Nous sommes donc fondés à croire qu'un dégrèvement qui n'irait pas à 50 pour 100, et qui, en outre, serait progressif, ne pourrait pas amener dans l'industrie agricole un bouleversement de nature à réduire le nombre de nos bestiaux et par conséquent la quantité des engrais. Ce qui nous affermit dans cette croyance, c'est qu'un grand nombre de cultivateurs de la région nord de la France désirent le dégrèvement, quoiqu'ils possèdent proportionnellement plus de bestiaux que ceux des autres régions, et que de toutes manières ils soient, plus que tous autres, sous le coup de la dépréciation. Ils désirent le dégrèvement, parce qu'à son moyen ils pourront augmenter encore leur bétail et accroître ainsi cette masse précieuse de fumier, que l'engraissement fournit meilleur et plus abondant que l'élevage.

La dépréciation minime qu'occasionnerait un dégrèvement modéré serait d'autant moins propre à amener une diminution de bétail et de fumier que cette dépréciation ne porterait pas exclusivement sur les producteurs d'animaux; les propriétaires fonciers en supporteraient leur part, de même qu'ils ont le plus largement profité du droit de 55 fr. par tête de bœuf.

Cela est tellement vrai, qu'aujourd'hui les embaucheurs de gros bestiaux, eux qui ont été exclusivement privilégiés, se plaignent tout autant et avec autant de raison que les bouchers. En effet, lors de l'établissement du droit d'entrée de 55 fr., et grâce à un octroi vicieux de 45 fr. par tête de bœuf, ils eurent le monopole de l'approvisionnement de Paris; ils virent de beaux bénéfices à faire et cherchèrent tous à accroître leurs productions. Il en résulta un accroissement de près de 50 pour 100 dans la valeur locative des herbages, et, comme le prix de revient des animaux dépend essentiellement de cette valeur locative, il arrive qu'on ne peut plus aujourd'hui produire à aussi bon marché qu'auparavant. Ce fâcheux effet serait bien plus sensible encore, si des recensements nouveaux venaient dans un temps donné faire élever les impôts fonciers dans la même proportion que les revenus (comme il semble conséquent avec le principe admis pour la répartition des impôts). Ainsi cette protection convertie en monopole a tendu et tend encore à rendre plus lourdes ces charges qu'elle devait compenser; les herbagers font de mauvaises affaires, et moins que jamais ils pourraient soutenir la concurrence étrangère... Conséquences inévitables et funestes de protections trop absolues et mises en pratique sans précautions suffisantes!

Ainsi on peut dire que la dépréciation déjà bien minime qu'occasionnerait un dégrèvement modéré serait partagée entre les propriétaires fonciers et les éleveurs; l'abaissement des loyers compenserait donc la dépréciation, et les cultivateurs, pouvant produire à meilleur marché, se garderaient bien de diminuer le bétail qui leur fournit l'engrais nécessaire à la culture des céréales.

CHAPITRE IV.

RÉSUMÉ ET CONCLUSION.

Nous avons examiné successivement les principaux arguments avancés en faveur du dégrèvement du droit d'entrée sur les bestiaux étrangers, et nous croyons avoir démontré :

1° Que la diminution de consommation moyenne et le renchérissement de la viande sont des faits particuliers aux villes à octroi;

2° Qu'en France, et surtout dans les campagnes, la consommation moyenne a sensiblement augmenté, et que les prix sont restés très-modérés;

3° Que la détérioration de la viande est une allégation sans valeur, quoique le commerce de la viande à la main puisse sous ce rapport occasionner des abus;

4° Que le malaise de la boucherie parisienne dépend de sa désorganisation;

5° Que par conséquent le droit d'entrée sur les

bestiaux étrangers ne peut être la cause du malaise dont on se plaint.

Mais d'un autre côté examinant les arguments présentés en faveur du maintien du droit actuel, nous avons établi :

1° Que le droit d'entrée sur les bestiaux étrangers est plus que suffisant pour compenser les charges qui, par l'impôt foncier, pèsent sur nos éleveurs ;

2° Qu'on s'est exagéré les conséquences d'un dégrèvement, en portant trop haut la dépréciation qui en résulterait dans la valeur de nos bestiaux et la diminution du nombre de ces bestiaux ;

3° Qu'on s'exagère aussi le danger d'une diminution d'engrais pour la production des céréales;

4° Que par conséquent ces arguments ne prouvent pas que le droit d'entrée actuel soit indispensable et le dégrèvement impossible, sans pertes énormes.

Insuffisance des arguments avancés.

Les arguments présentés ne nous paraissent donc concluants ni d'un côté ni de l'autre, et ne peuvent être pris pour guide dans la solution de cette question. Or, toutes les fois que les intérêts d'industries diverses semblent opposés, le seul moyen de trancher la difficulté d'une manière qui satisfasse à l'intérêt commun, c'est de recourir aux principes fondamentaux. Nous allons donc, en nous appuyant sur les principes généraux de l'économie politique, rechercher si le dégrèvement est convenable, puis remontant aux causes du malaise dont on se plaint, nous chercherons quel est le remède qu'on devrait y apporter.

La protection, en général, nuit à la production à bon marché; mais elle est, comme nous l'avons dit, la meilleure voie pour arriver à cette production à bon marché, lorsqu'on l'applique avec discernement à une industrie pleine d'avenir et moins avancée que ses rivales en pays étrangers. A l'abri de droits protecteurs, cette industrie pourra développer, organiser ses forces, et se préparer peu à peu à la libre concurrence qu'il faudra lui laisser affronter dès qu'elle sera assez forte. C'est donc avec raison qu'on a protégé en France l'industrie des fers, des machines, des toiles, etc. Mais, si besoin en est, quelle industrie a plus de droits à cette protection que l'agriculture ?

Faute d'être suffisamment honorée, faute de lumières et de capitaux, l'agriculture française a fait des progrès moins rapides que ses rivales à l'étranger; cependant elle est assise sous un climat admirable, elle possède un sol aussi fécond qu'aucun autre, et elle met en œuvre des travailleurs dont on ne niera ni la vigueur, ni l'intelligence naturelle. L'agriculture française possède donc tous les éléments nécessaires pour arriver à la hauteur de ses voisines, pour atteindre à la production à bon marché. Une protection éclairée lui est nécessaire encore pour la rendre capable de résister plus tard à la libre concurrence (1); elle est et sera toujours la base essentielle de la force et de la richesse de notre pays; refusera-t-on de lui venir en aide?

(1) Nous sommes bien persuadés que l'époque n'est pas éloignée où toutes nos principales industries seront assez fortes pour soutenir la concurrence étrangère et où l'abaissement de nos tarifs sera une mesure de haute utilité. L'opinion contraire tient à ce que la valeur de l'argent s'est abaissée chez nous, au-dessous de ce qu'elle est chez la plupart de nos voisins, comme le prouve le renchérissement de toutes choses à la fois. Cette dépréciation des espèces, qui est une des conséquences inévitables du système protecteur trop prolongé, fait élever le prix nominal de nos produits et fait croire à une infériorité de fabrication qui souvent est illusoire. La voie dans laquelle est entrée l'Allemagne, depuis quelques années, ne contribuera pas peu à rapprocher l'époque où il sera possible d'abaisser nos tarifs : déjà, au centre de l'association douanière allemande, a commencé le renchérissement des propriétés foncières et de toutes les denrées, et bientôt ce mouvement de hausse gagnera, peu à peu, la frontière et diminuera les avantages des exportations pour la France.

Il est vrai que depuis longtemps déjà cette protection lui a été accordée, et qu'elle semble être restée inefficace, puisque la production de certaines localités est aujourd'hui plus chère que jamais; mais cela n'est nullement général; dans l'immense majorité de nos campagnes, et malgré la dépréciation de la monnaie, le prix nominal n'a pas varié sensiblement depuis bien des années. C'est surtout sur la production du gros bétail que ce renchérissement est sensible; or, nous l'avons vu, cela tient à l'abus d'une protection fiscale, et non à cette protection raisonnée que nous réclamons; d'ailleurs ce qui est arrivé, pour la production du bétail, à quelques départements auxquels l'octroi par tête a donné, pour ainsi dire, le monopole de cette branche de commerce, est arrivé aussi à plusieurs industries manufacturières, et entre autres à la fabrication des fers : on lui a continué trop longtemps la juste protection qu'on lui avait accordée, et on a fait ainsi élever considérablement le prix des bois et celui du minerai. Cette élévation du prix des matières premières a compensé les perfectionnements réels de la fabrication, et il en est résulté qu'on ne peut aujourd'hui produire le fer à meilleur marché qu'auparavant. Et ce n'est pas la faute de l'agriculture, s'il en est ainsi advenu de la production de la viande dans quelques départements:

qu'elles s'en prennent à elles-mêmes, ces industries commerciales et manufacturières qui, s'enfermant dans les villes, transforment, par un octroi vicieux, la protection en monopole, et annihilent les heureux résultats qu'une sage protection devait amener pour la majorité des producteurs.

Inopportunité du dégrèvement.

Ainsi, on peut affirmer que le dégrèvement des bestiaux étrangers serait inconséquent, injuste et contraire à l'intérêt commun : inconséquent, parce que cette protection a été jugée nécessaire et votée, et que ce n'est que l'administration mal entendue des villes, qui a empêché jusqu'à présent la majorité des producteurs de bestiaux d'en ressentir l'influence; injuste, parce que, jusqu'à ce jour, l'agriculture a constamment augmenté la consommation de produits fournis par les villes manufacturières et commerçantes, tandis que ces villes, au contraire, ont restreint leur consommation en viande, la denrée qu'il importe le plus aux cultivateurs de produire; et parce que le système protecteur continuant à élever le prix des denrées commerciales et manufacturières consommées par l'agriculture, l'équité veut que le système protecteur, si on l'abandonne, cesse pour toutes les industries en même temps ; enfin, contraire à l'intérêt commun, parce que cette protection est encore nécessaire aux progrès et au développement de l'agriculture, et que nous avons fait voir comment sont liés étroitement entre eux tous les intérêts de nos grandes industries.

Octroi au poids et réorganisation de la boucherie.

Où donc chercher le remède au malaise qui se fait sentir ? Il ressort clairement de notre discussion que la rareté du bétail et le renchérissement de la viande dans les villes doivent être attribués : 1° à l'octroi par tête; et 2° à la désorganisation de la boucherie, dont l'extension du commerce de la viande à la main est venue encore aggraver la position. N'est-ce pas indiquer assez que le remède est uniquement dans la modification de l'octroi, et, pour Paris, dans la réorganisation de la boucherie?

Nous conclurons donc de tout ce qui précède : en premier lieu, que l'octroi par tête de bétail doit être remplacé par le droit au poids, parce que ce mode de perception du droit permettra à tous les éleveurs d'approvisionner, avec des avantages égaux, les marchés des villes, et que tous commenceront à ressentir réellement les effets d'une protection, illusoire jusqu'alors, pour le plus grand nombre d'entre eux; parce que ce concours ramènera sur les marchés l'abondance en même temps que la modération des prix; parce que, la consommation moyenne augmentant avec l'abaissement des prix, les boucheries des villes seront plus occupées, feront des profits plus souvent répétés, et pourront abattre et détailler à meilleur compte; enfin, parce que c'est le seul moyen de ramener sans secousse, dans des conditions normales et par la concurrence des éleveurs nationaux, ceux de ces éleveurs que le monopole a mis dans l'impossibilité de produire à bon marché, et que la concurrence étrangère écraserait aujourd'hui.

En second lieu, nous conclurons que la boucherie parisienne doit être rétablie sur le pied où elle était autrefois, avec cette modification que le commerce de la *viande à la main* sera remplacé par une boucherie spéciale pour les animaux qui ne peuvent être achetés à Sceaux et à Poissy;

1° Parce que le commerce à la cheville favorise le monopole des marchés pour les bouchers en gros, et que la présence de tous les bouchers sur les marchés est nécessaire pour obvier aux inconvénients de la limitation de leur nombre, comme aussi pour diminuer les renvois qui sont la ruine des producteurs;

2° Parce que le commerce de la viande à la main comporte de graves abus nuisibles au consommateur ; qu'il est inutile au producteur et qu'il équivaut presque à l'illimitation du nombre des bouchers ;

3° Parce que cette illimitation, comme la raison et les expériences de 1791 et de 1825 le démontrent, nuit en même temps au consommateur, au producteur et à la prospérité de la boucherie (1) ;

4° Parce que la prospérité des bouchers est nécessaire à l'accomplissement des réglements auxquels on les soumet dans l'intérêt des consommateurs, et forme la garantie de la caisse de Poissy ;

5° Parce que la caisse de Poissy, en garantissant elle-même aux marchands de bestiaux le payement immédiat et complet de leur marchandise, facilite au plus haut point l'approvisionnement des marchés, et, par conséquent, favorise les consommateurs et les producteurs.

---

(1) La liberté illimitée du commerce est inséparable d'oscillations qui, lorsqu'il s'agit de la subsistance de populations agglomérées, occasionnent toujours des perturbations. Que le nombre des bouchers soit assez grand pour que la concurrence qu'ils se feront entre eux donne les avantages de la liberté de commerce ; mais cependant que ce nombre soit limité aux besoins de la consommation.

Telle est, à notre avis, la solution qui satisfait le mieux aux exigences des industries en présence, et à cette condition essentielle que nous nous sommes imposée avant tout, *l'intérêt commun*.

CHAPITRE V.

APPENDICE.

Notre intention, en écrivant cette brochure, n'a pas été d'entrer dans les détails d'exécution concernant les mesures que nous croyons les plus propres à satisfaire l'intérêt général; le mémoire de M. le vicomte de Romanet pour l'octroi au poids, et le rapport de M. Boulay de la Meurthe pour la réorganisation de la boucherie, ont présenté un ensemble de moyens que nous approuvons généralement. Traiter ces matières d'une manière complète serait donc nous exposer à des redites inutiles; et, pourtant, nous devons consigner ici quelques considérations qui nous sont particulières, et ne concordent pas toujours avec les conclusions qui ont été présentées dans ces publications.

Ces considérations portent, 1° sur le mode de pesage; 2° sur la convenance de remplacer le commerce de la viande à la main par des étaux pour les cultivateurs et autres producteurs ; 3° enfin, sur l'avantage qu'il y aurait à convertir le droit par tête sur les bestiaux étrangers par un droit d'entrée au poids.

Nous croyons que, pour toutes les grandes villes possédant des abattoirs, le pesage des animaux, après leur mort, doit être préféré au pesage des animaux vivants, à la barrière. Notre opinion, à ce sujet, se fonde surtout sur les considérations que nous avons présentées sur la boucherie. Mode de pesage.

L'approvisionnement des grandes villes comporte des difficultés spéciales que de bons règlements peuvent seuls compenser. Or, s'il est nécessaire, pour faciliter cet approvisionnement, en même temps que pour mieux satisfaire aux demandes des consommateurs, que tous les bouchers fassent directement leurs achats sur le marché, il importe beaucoup de pouvoir contrôler leurs opérations ; et la pesée des viandes de chaque boucher, à la sortie de l'abattoir, si on la compare aux bulletins de la caisse de Poissy, nous semble un excellent moyen de contrôle.

Du reste, nous ne nous dissimulons pas les difficultés d'exécution, et nous pensons, après avoir examiné les longueurs du comptage actuel, surtout pour les moutons, que la pesée à la barrière serait préférable au mode en ce moment en usage, si ce n'était la difficulté de séparer les lots des différents bouchers, lots qui se trouvent souvent dans le même troupeau.

Nous n'avons pas non plus perdu de vue les inconvénients du pesage à l'*échaudoir*. Ce pesage, en effet, favorisera tout autant l'entrée des animaux maigres que celle des animaux gras, et il est à craindre que cela ne nuise à la qualité de la viande fournie aux consommateurs. Il faudra nécessairement, pour atténuer cet inconvénient, ne pas imposer les suifs et ne pas les comprendre dans les pesées.

Pour les veaux, il se présente un inconvénient analogue : l'engraissement des veaux diminue dans le rayon d'approvisionnement de toutes les grandes villes, parce que le lait y devient de plus en plus cher. Le veau de Pontoise est, aujourd'hui, un être fabuleux, et Paris va chercher des veaux jusqu'à 200 kilomètres de distance. Les cultivateurs et nourrisseurs, malgré le haut prix de la viande de veau gras, ont plus d'avantage à vendre leurs veaux aussitôt après leur naissance, c'est-à-dire à un moment où leur chair n'est pas encore formée et est de très-médiocre qualité, que de les nourrir plus longtemps. Le droit au poids favorisera encore cette tendance, et il en résultera absence absolue de bonne viande de veau dans les villes. Pour parer à cela, il faudra, outre la franchise accordée aux suifs, établir un minimum de poids au-dessous duquel les veaux payeront autant que s'ils étaient plus gros.

Du reste, toutes ces difficultés et ces inconvénients s'effaceront beaucoup pour les petites villes qui ne possèdent pas d'abattoirs, 1° parce que les animaux destinés aux divers bouchers y entrent moins réunis; 2° parce que les ponts-bascules y seront moins occupés; 3° enfin, parce que, en adoptant le pesage des animaux vivants, à la barrière, il faudra préalablement établir un rapport moyen entre le poids vif que l'on pèse et le poids net à imposer; de sorte que les animaux gras, dont le rendement en viande est plus grand que celui des bêtes maigres, payeront réellement moins par kilog., et par conséquent seront spécialement favorisés.

Suppression du commerce de la viande à la main.

Le projet de règlement sur le commerce de la viande à la main nous parait en désaccord complet avec les principes que la commission de la boucherie a adoptés. On conçoit que, dans l'état actuel des choses, on doive tolérer le commerce de la viande à la main, puisqu'il supplée à la rareté de la viande de boucherie et modère son renchérissement; mais on ne peut l'admettre dans une réorganisation qui doit créer un nouvel ordre de choses.

Le commerce de la viande à la main est une institution vicieuse, 1° parce qu'elle agit d'une manière identique à l'illimitation du nombre des bouchers, et que le raisonnement, l'expérience de 1791 et la tentative de 1825 ont démontré que cette illimitation est contraire aux producteurs de bestiaux, aux consommateurs et aux bouchers;

2° Parce que rien n'est plus difficile que de surveiller d'une manière efficace la qualité des viandes introduites toutes dépecées, et d'empêcher qu'il ne s'y glisse des viandes malsaines, la surtaxe dont on les frappe tendant précisément à augmenter l'entrée de ces viandes;

3° Parce qu'il n'est d'aucune utilité aux cultivateurs et aux marchands qui, dans les environs des villes, perdent des animaux par accident, puisqu'ils sont à la merci des bouchers forains dits *tue-tout*, et ne peuvent vendre, même de la bonne viande, qu'à de vils prix;

4° Enfin, parce que la surtaxe, si les viandes introduites sont de bonne qualité, élève injustement le prix d'un aliment sain destiné aux classes pauvres de la population.

Nous proposons donc de remplacer le commerce de la viande à la main par une institution nouvelle, soumise à peu près aux dispositions suivantes :

1° Il y aura dans chaque abattoir un établissement spécial, sous le nom de *banc de boucherie des cultivateurs*.

2° Cette boucherie sera desservie par des bouchers spéciaux autorisés par le préfet de la Seine, pour Paris, et par les maires, pour les autres villes.

3° Tous les cultivateurs, marchands de bestiaux et nourrisseurs pourront amener des animaux vivants ou morts à la boucherie des cultivateurs, d'abord pour les y faire abattre et préparer ou préparer seulement, puis pour en mettre la viande en vente pour leur propre compte.

4° Les animaux destinés aux boucheries des cultivateurs pourront être amenés morts ou vivants. Quand ils seront morts, ils devront toujours être entiers et porter tous les viscères, les intestins seuls exceptés, de manière à ce que l'on puisse reconnaitre l'espèce d'animal et, autant que possible, la nature de l'accident et de la mort.

5° Les animaux amenés à la boucherie des cultivateurs ne pourront être travaillés, abattus ou préparés que par les bouchers spéciaux, sous la surveillance d'un inspecteur qui seul pourra autoriser la mise en vente. Le salaire des bouchers spéciaux, pour chaque travail, sera fixé à l'avance par l'administration municipale.

6° L'autorisation de vendre ne pourra être accordée qu'autant que les bestiaux amenés à l'échaudoir des cultivateurs auront acquitté un droit égal, en tout, à celui des autres viandes, et qu'elle sera reconnue de qualité suffisamment bonne.

7° Les bouchers spéciaux de la boucherie des cultivateurs pourront détailler la viande des animaux qui leur seront amenés, quand cela conviendra au vendeur, mais toujours au compte du vendeur et moyennant un salaire proportionnel au nombre de kilogrammes vendus; ce salaire sera fixé par l'administration municipale.

Maintien du droit d'entrée par tête sur les bestiaux étrangers.

Il ne nous reste plus, pour terminer notre tâche, qu'à rechercher s'il ne conviendrait pas d'apporter au droit d'entrée sur les bestiaux étrangers la même modification qu'au droit d'octroi : l'avantage de transformer le droit d'entrée par tête en un droit au poids équivalent semble ressortir de la discussion à laquelle nous nous sommes livrés, et pourtant nous n'hésitons pas à nous déclarer contre cette transformation.

C'est précisément parce que le droit d'octroi

par tête a empêché la production à bon marché dans nos départements, et a restreint le nombre de bestiaux qui peuvent entrer dans les villes; c'est précisément parce que le droit d'octroi au poids doit favoriser la production en France, que, selon nous, il ne faut pas changer le mode de perception du droit d'entrée sur les bestiaux étrangers. La modification du droit d'entrée sur les bestiaux étrangers produirait, à l'étranger, les mêmes heureux effets que doit produire, chez nous, la transformation de l'octroi par tête en octroi au poids. Or, tel n'est pas notre but; puisqu'une protection a été jugée nécessaire et a été votée à l'industrie agricole, il faut, avant d'augmenter les avantages de nos voisins, laisser à cette protection le temps d'agir.

Le droit d'entrée au poids sur les bestiaux étrangers aurait, il est vrai, l'avantage de nous fournir d'animaux maigres à bon marché et par conséquent de favoriser l'engraissement dans la région nord de la France; mais ce serait un coup porté à la spéculation de l'élevage; ce coup l'atteindrait avant que la modification de l'octroi des villes ait pu lui faire sentir ses heureux effets, et au moment où les épizooties et la pénurie des fourrages lui ont porté un rude échec; ce serait le restreindre, quand une grande partie de notre territoire n'est encore propre qu'à l'élevage, et quand une guerre pourrait nous faire amèrement regretter la perte de cette pépinière de nos bestiaux.

TABLE DES MATIÈRES.

IMPRIMERIE BOUCHARD-HUZARD,

RUE DE L'ÉPERON, 7.

www.ingramcontent.com/pod-product-compliance
Lightning Source LLC
LaVergne TN
LVHW020041170826
845678LV00001B/373

* 9 7 8 2 3 2 9 6 9 4 6 9 6 *